Fernand Papillon

Les Nouvelles théories sur les ferments et les fermentations

Sciences

 Le code de la propriété intellectuelle du 1er juillet 1992 interdit en effet expressément la photocopie à usage collectif sans autorisation des ayants droit. Or, cette pratique s'est généralisée dans les établissements d'enseignement supérieur, provoquant une baisse brutale des achats de livres et de revues, au point que la possibilité même pour les auteurs de créer des œuvres nouvelles et de les faire éditer correctement est aujourd'hui menacée. En application de la loi du 11 mars 1957, il est interdit de reproduire intégralement ou partiellement le présent ouvrage, sur quelque support que ce soir, sans autorisation de l'Éditeur ou du Centre Français d'Exploitation du Droit de Copie , 20, rue Grands Augustins, 75006 Paris.

ISBN : 978-1977997395

10 9 8 7 6 5 4 3 2 1

Fernand Papillon

Les Nouvelles théories sur les ferments et les fermentations

Sciences

Table de Matières

Section I	6
Section II	13
Section III	18

Section I

Jusqu'à ces derniers temps, toutes les fermentations étaient considérées comme produites par la décomposition spontanée d'une matière organique au sein du liquide fermentescible. On disait qu'au contact de l'air cette matière organique éprouve une altération particulière qui lui donne le caractère de ferment ; on voyait en celui-ci un agent capable de communiquer un mouvement de décomposition. La levure de bière, il est vrai, était depuis longtemps connue : on savait qu'elle est formée de cellules, qu'elle est organisée ; mais on n'établissait point de solidarité entre cet état d'organisation et les phénomènes de fermentation qu'elle détermine au sein des liquides sucrés tels que le jus de raisin ou le moût de bière. Turpin et après lui Cagniard-Latour, dans le premier tiers de ce siècle, avaient essayé vainement de démontrer l'existence d'une pareille solidarité ; on refusa toujours de voir dans la fermentation alcoolique autre chose qu'une opération analogue à toutes les décompositions lentes rangées parmi les fermentations. On a reconnu de nos jours que la fermentation alcoolique, au lieu d'être une exception, est au contraire le type même des phénomènes dont il s'agit ici, que les cellules de levure, au lieu d'y être indifférentes, y jouent un rôle essentiel, enfin que dans toutes les fermentations il intervient des organismes inférieurs, des corpuscules microscopiques plus ou moins analogues à ceux de la levure. Tel est du moins le premier résultat des recherches accomplies dans ces quinze dernières années par plusieurs savants, au premier rang desquels il convient de citer M. Pasteur.

C'est par l'étude de la fermentation alcoolique que M. Pasteur a commencé, en 1858, la série de ses travaux. Il a mis hors de doute que, dans le cas du jus de raisin et du moût de bière, aussi bien que dans celui de tout liquide sucré abandonné à l'air, la production plus ou moins rapide d'alcool est toujours corrélative du développement d'un champignon microscopique, composé de globules arrondis mesurant quelques millièmes de millimètre. Ces globules, connus sous le nom de *levure de bière*, se multiplient dans le liquide en fermentation aux dépens des matières organiques qui y sont contenues et déterminent, par les échanges nutritifs auxquels ils donnent lieu, la décomposition du sucre en alcool, acide carbonique, acide succinique et glycérique. Tels sont les quatre produits constants de la fermentation alcoolique. Le sucre est l'aliment du globule de levure ; ces produits en sont les excrétions. On ne connaît pas encore les lois du mécanisme intérieur qui les élabore. Tout porte à croire cependant que les cellules de levure sécrètent une substance plus ou moins analogue à celles qui, chez les animaux supérieurs, opèrent le phénomène de la digestion. La fermentation alcoolique serait ainsi une espèce de digestion intra-globulaire du sucre.

M. Dumas, qui a marqué, il y a un demi-siècle, son entrée dans la carrière des sciences de la nature par de mémorables découvertes de physiologie microscopique, est revenu depuis peu à des études du même ordre, justement à propos des fermentations. Il a entrepris à ce sujet, dans le laboratoire de M. Pasteur, à l'École normale, des recherches dont les résultats publiés tout récemment témoignent que l'illustre savant n'a perdu ni sa sûre industrie dans l'institution expérimentale, ni son lucide génie dans la conception doctrinale. M. Dumas a cherché, entre autres choses, à déterminer la force décomposante, le degré d'activité propre à chaque cellule de ferment alcoolique. Il a mesuré pour cela la quantité de sucre décomposé dans un temps donné par un certain poids de levure de bière, et il a trouvé, — après avoir établi préalablement qu'il y a environ 2,772,000 cellules dans un millimètre cube de cette levure, — que la force de 100 milliards de cellules représente l'énergie capable de décomposer 25 centigrammes de sucre en une heure. Si l'on essayait, d'après cette évaluation, d'exprimer en chiffres le nombre de cellules qui sont employées à produire le vin, la bière et le cidre que nous consommons chaque année, dit M. Dumas, on ferait reculer même les astronomes.

Ce rôle d'agent capable de provoquer la décomposition du sucre et la formation consécutive de l'alcool n'appartient pas exclusivement aux cellules de la levure de bière. Plusieurs agents chimiques peuvent aussi le remplir ; certaines cellules végétales y sont également propres. Lorsque les fruits sont placés dans un milieu plein d'oxygène, ils absorbent ce gaz, et donnent lieu à un dégagement d'acide carbonique ; si au contraire on les abandonne dans le gaz acide carbonique ou dans un autre gaz inerte, ils déterminent une production d'alcool. Les fruits restent fermes, durs, n'éprouvent aucune modification extérieure, mais le sucre qu'ils contiennent se transforme partiellement en alcool. Comment expliquer le phénomène ? Dans l'air ordinaire, la cellule du fruit se nourrit d'oxygène ; si ce dernier gaz vient à lui manquer, elle est obligée d'emprunter des matériaux nutritifs au liquide qui la baigne, c'est-à-dire au jus sucré. Ce dernier est alors décomposé. M. Pasteur a reconnu qu'une fermentation alcoolique semblable a lieu dans d'autres organes végétaux, par exemple dans les feuilles, et, dans tous les cas, il a constaté que le phénomène est dû aux cellules elles-mêmes du végétal, et non point à des globules de levure. Loin de compromettre la doctrine physiologique de la fermentation, ces faits singuliers concourent à l'affermir, tout en lui donnant un caractère plus profond et plus général.

On vient de voir que la fermentation du sucre donne de l'alcool. Ce dernier, lorsqu'on le place au contact de certaines substances poreuses, comme la mousse platine par exemple, peut absorber l'oxygène de l'air et se transformer, par oxydation, en acide acétique. C'est un phénomène de ce genre qui a lieu quand le vin s'aigrit. L'alcool contenu dans le vin est converti en acide acétique. Seulement l'agent de cette transformation est ici une plante microscopique constituée par de petits globules allongés, mesurant quelques millièmes de millimètre. Ces globules, ces mycodermes se développent à la surface du vin laissé à l'air libre, et y forment une couche dont le rôle est d'emmagasiner une certaine quantité d'oxygène qui est employée ensuite à déterminer l'acétification du liquide. Cette couche, qu'on appelle la *mère de vinaigre*, n'agit qu'autant qu'elle communique avec l'air. Sitôt qu'on la submerge, elle devient inefficace, et l'acétification s'arrête. La formation du vinaigre dans la fermentation acétique se réduit donc à une oxydation de l'alcool, dans laquelle des cellules microscopiques sont les véhicules de l'oxygène. Quand le lait tourne et s'aigrit, le phénomène est dû aussi à la formation d'un acide, l'acide lactique. Ce corps provient du dédoublement du sucre contenu dans le lait, et ce dédoublement est encore une fermentation. L'être microscopique qui la provoque affecte plusieurs formes ; tantôt il est constitué par des cellules qui présentent beaucoup d'analogie avec la levure de bière, tantôt il consiste en bâtonnets droits extrêmement ténus. Le lait renferme en outre du caséum, c'est-à-dire la substance qui compose le fromage. Or, lorsque, dans le lait, la fermentation du sucre est terminée, celle du caséum commence. Après l'acide lactique, il se produit de l'acide butyrique. En examinant au microscope le caséum qui se transforme en acide butyrique, on y remarque de petits bâtonnets dont la largeur est de deux millièmes de millimètre, et la longueur de deux à cinq fois plus grande ; c'est le ferment butyrique, lequel, concurremment avec d'autres végétaux microscopiques, détermine, dans les divers fromages, la production lente de l'acide butyrique et de quelques acides analogues, non moins odorants. Enfin, pour citer un dernier exemple, lorsque l'urine se décompose et donne lieu à un abondant dégagement de gaz ammoniacaux, cela résulte encore d'une fermentation : sous l'influence de cellules plus petites que celles de la levure de bière, l'urée contenue dans l'urine se transforme en carbonate d'ammoniaque, qui rend le liquide très alcalin et lui communique une odeur très forte. Bref, les fermentations que nous venons de caractériser, et bien d'autres du même genre, sont solidaires de la nutrition et du développement d'êtres microscopiques, dont la dimension moyenne est de quelques millièmes de millimètre, et qui se présentent sous la forme tantôt de globules sphéroïdes ou ovoïdes (mycodermes, torulacées), tantôt sous la forme de bâtonnets droits, incurvés ou flexueux (vibrions, bactéries). Ces petits êtres engendrent le ferment au sein même du liquide fermentescible au fur et à mesure qu'ils s'y multiplient.

Il est une autre classe de fermentations où l'on ne constate point d'intervention immédiate de corpuscules figurés. Ainsi la fermentation diastasique consiste dans la transformation de l'amidon en sucre sous l'influence d'une matière amorphe, jaunâtre, qu'on appelle la *diastase*. La fermentation amygdalique est celle où l'amygdaline devient de l'essence d'amandes amères par l'effet d'un ferment analogue qu'on appelle la *synaptase*. La première s'accomplit dans l'embryon végétal lorsque la matière amylacée de la graine y est changée en un sucre soluble qui imprègne les tissus naissants de la plante. La seconde a lieu lorsqu'on broie des amandes amères avec de l'eau. Au contact de ce liquide, le mélange de ces graines inodores acquiert l'odeur caractéristique de l'essence d'amandes amères ; mais celle-ci provient de la fermentation de l'amygdaline. On considère aussi comme des fermentations un certain nombre de phénomènes analogues qui peuvent être réalisés dans les vaisseaux d'un laboratoire et se réalisent constamment dans les organismes vivants, et dont la cause est une substance zymotique. Il existe par exemple dans la salive un principe qu'on appelle la *ptyaline*, et qui, comme la diastase, transforme la matière amylacée en sucre.[1] Le suc gastrique contient un autre principe, la *pepsine*, dont l'effet est de liquéfier les matières albuminoïdes pour les mettre en état d'être absorbées. Le suc pancréatique renferme un principe qui agit d'une manière semblable. La digestion se ramène ainsi à une série de fermentations, comme l'avaient justement pressenti les anciens chimistes. Ces phénomènes divers ont, aussi bien que ceux où interviennent des organismes, les deux caractères généraux des fermentations : ils ne s'accomplissent que dans certaines limites de température, et le poids de la matière fermentescible est toujours bien supérieur à celui du ferment suffisant pour la décomposer.

En résumé, les fermentations provoquées dans certains milieux, par le fait du développement et de la nutrition de microzoaires ou de microphytes déterminés, présentent un ensemble de caractères bien définis. Elles suivent docilement toutes les variations qui peuvent survenir dans l'activité physiologique des êtres microscopiques contenus dans le liquide. Celui-ci ne fermente pas immédiatement ; il attend plus ou moins, et le mouvement moléculaire s'y accuse graduellement. Le phénomène est *évolutif*. Voilà, ce semble, ce qui caractérise les fermentations alcoolique, lactique, acétique, butyrique, glycérique, putride, bref, toutes celles que M. Pasteur

---

[1] La salive est d'ailleurs le siège d'autres fermentations. Sous l'influence d'une espèce de bactérie très allongée (*leptothrix*), les détritus amylacés et albuminoïdes s'y transforment en acide lactique, lequel joue, comme l'ont montré les expériences de M. le docteur Magitot, un grand rôle dans la carie dentaire.

a étudiées avec une rigueur si décisive. En est-il de même de la transformation des matières amylacées en sucre sous l'influence de la diastase ou de la ptyaline, de la dissolution des substances protéiques par la pepsine, de la métamorphose de l'amygdaline en essence d'amandes amères au contact de la synaptase ? Évidemment non. Ces phénomènes ont une physionomie différente ; ils ne présentent point de phases évolutives. Sans doute, ils demandent un certain temps pour s'accomplir, mais ils s'accomplissent tout d'une pièce et sans rapport avec l'air ambiant.

Ces différences entre les deux classes de fermentations tiennent manifestement à ce que dans la première le phénomène est subordonné aux conditions et aux progrès de la vie des corpuscules organisés qui élaborent le ferment au sein même des liquides fermentescibles, tandis que dans la seconde le phénomène est déterminé par un ferment tout formé, tout préparé. Mais ce dernier ferment n'est pas moins d'origine organique ; lui aussi provient d'êtres vivants, végétaux ou animaux. Soit qu'il émane, comme la diastase, des jeunes cellules de la graine, soit qu'il provienne, comme la pepsine, d'un travail accompli dans l'appareil digestif, il est l'ouvrage de la vie, aussi bien que s'il avait été fabriqué par des globules de levure ou des faisceaux de bactéries. Ainsi les ressorts effectifs de toutes les fermentations sont les mêmes. Tous les ferments sont au fond semblables, qu'ils soient procurés directement au liquide fermentescible par les corpuscules microscopiques qui l'habitent, ou qu'ils émanent de corpuscules qui habitent ailleurs. La vraie doctrine des fermentations est là.

Il est permis dès lors de considérer les ferments comme les pro, duits d'une fécondité intracellulaire, comme des sécrétions élaborées par ces myriades de corpuscules infiniment petits, les uns serrés, pressés, condensés dans les organes palpables des animaux et des plantes, les autres libres et mobiles, disséminés, comme nous le verrons, dans l'espace immense et intangible. L'énergie qui caractérise les microphytes et les microzoaires appartient aussi aux éléments microscopiques des trames vivantes des animaux supérieurs. Il faut élever cette propriété, jusqu'ici particulière, à la dignité d'attribut universel et fondamental des cellules organisées. Il faut voir dans les transmutations et les opérations les plus complexes de la nutrition, chez les espèces supérieures, la même industrie et les mêmes forces primitives que dans la subtile activité des humbles et imperceptibles monades.

Sans doute les corpuscules de diverses espèces auxquels on ramène en dernière analyse les animaux et les plantes, de toute sorte et de tout degré, ne sont pas identiques. Chaque espèce a sa structure propre, son énergie spécifique, son mode de nutrition, ses sécrétions déterminées, caractères qui sont d'ailleurs variables avec les milieux et les circonstances. Cependant on peut signaler plus d'une analogie intéressante entre certaines de ces espèces qui paraissent remplir des fonctions bien distinctes et occuper des rangs bien différents dans l'immense concert des monades de vie. Les cellules des fruits, placées dans certaines conditions, se comportent, on l'a déjà vu, comme celles de la levure de bière : les unes et les autres décomposent le sucre et donnent de l'alcool. Il est permis de rapprocher, non moins étroitement, comme l'ont fait M. Blondeau et M. Pasteur, les mycodermes acétiques et les globules du sang : les uns et les autres servent de véhicule à l'oxygène, les premiers pour la combustion lente de l'alcool, les autres pour la combustion lente des matières albuminoïdes des tissus animaux. Il est même probable qu'il y a dans les mycodermes un principe analogue à l'hémoglobine du globule sanguin et doué d'une affinité particulière pour l'oxygène.[1] Quoi qu'il en soit, les rapprochements de ce genre ouvrent une voie nouvelle à la physiologie. Comme celle-ci se ramène en définitive à l'explication de ce qui a lieu dans les éléments microscopiques des organes, il est évident que rien ne lui saurait être plus salutaire que l'étude de ces organismes unicellulaires, où les phénomènes sont d'une simplicité extrême, où la vie est réduite en quelque sorte à ses facteurs premiers. Il est de plus en plus manifeste que le progrès de la connaissance des animaux supérieurs est étroitement lié à celui de la connaissance des mécanismes nutritifs dans les unités rudimentaires de la vie, dans les plus petits êtres qu'il nous soit donné de contempler.

---

1 Il serait aisé de vérifier si les mycodermes acétiques se comportent comme les globules de sang, soit eu présence de l'oxyde de carbone, soit avec le spectroscope.

Fernand Papillon

Section II

D'où viennent maintenant ces corpuscules organisés microscopiques auxquels nous avons vu qu'il fallait attribuer un grand nombre de métamorphoses de la matière organique ? Les opinions sont encore aujourd'hui partagées sur ce grand problème. Ni les observations longues, ni les expériences minutieuses, ni les débats approfondis, n'ont manqué. Cependant les uns croient toujours que ces corpuscules naissent par génération spontanée au sein des liquides fermentescibles, les autres affirment et prétendent démontrer qu'ils viennent de germes contenus dans l'air. Assurément la première opinion n'a en soi rien de contradictoire et d'impossible. Ceux qui la repoussent par la question préalable, au nom de je ne sais quelle doctrine mystique de la vie, ne méritent même pas d'être écoutés dans l'enquête. Il aurait pu se faire que des êtres organisas naquissent de toutes pièces dans un milieu destitué d'organisation ; mais l'expérience prouve que cela ne se fait pas. Il faut donc recevoir l'autre opinion, l'opinion *panspermiste*, c'est-à-dire admettre que les germes des végétaux et animaux microscopiques, auxquels sont liés tant de fermentations et de corruptions, existent dans l'air. C'est une des conclusions et peut-être la plus légitime et la plus féconde des belles études de M. Pasteur.

M. Pasteur en a la gloire justement parce qu'il n'en a pas la priorité. En effet le premier qui a eu cette idée n'en a pu avoir et n'en a eu qu'une confuse intuition ; il n'en a pu mesurer ni l'importance ni les conséquences. L'importance et les conséquences d'une grande idée, quelle qu'elle soit, n'apparaissent que quand celle-ci, ayant déjà subi une certaine évolution, acquiert la précision, la certitude et la solidité qu'une longue expérience peut seule lui conférer. Il faut qu'une conception ait déjà un certain âge dans la science pour y prendre une certaine autorité, et procurer de la gloire à ceux qui en comprennent et en font comprendre toute la grandeur et toute la vertu. Depuis longtemps la circulation du sang était entrevue dans les écoles de physiologie quand Harvey la démontra avec une complète rigueur. Depuis longtemps la gravitation était pressentie et cherchée quand Newton en donna le système parfait. De même la conception panspermiste, délaissée et méconnue depuis ceux qui la formulèrent jadis, — et parmi lesquels Astier (1813) doit être surtout rappelé, — n'a été établie définitivement de nos jours que grâce aux expérimentations de M. Pasteur.

Les expériences de M. Pasteur, multipliées et variées de mille manières, se ramènent toutes à rechercher comparativement ce que devient un même liquide fermentescible au contact de l'air ordinaire, rempli de poussières, et au contact de l'air purifié. M. Pasteur place par exemple une certaine quantité d'un liquide éminemment altérable dans des ballons de verre à l'intérieur desquels on peut faire passer un courant d'air. La fermentation et le développement de petits organismes ne tardent pas d'avoir lieu dans les ballons où circule de l'air ordinaire ; mais si l'air qu'on y dirige a préalablement traversé un tampon de coton, on n'observe aucune altération du liquide. Lorsque le volume d'air qu'on a filtré ainsi à travers le coton est considérable, celui-ci est imprégné de tant de poussières qu'il en devient noir. Or ces poussières contiennent, outre un grand nombre de particules minérales et de détritus variés, des spores et des germes à ferments ; la preuve, c'est qu'il suffit d'en semer la moindre quantité dans la liqueur pure pour y déterminer la fermentation. Voici une expérience d'un autre type. M. Pasteur, au moyen d'une disposition ingénieuse, retire et fait arriver, dans une ampoule de verre remplie d'air pur, le jus de l'intérieur d'un grain de raisin, de façon que ce jus ne communique durant la manipulation ni avec la surface du grain, ni avec l'air atmosphérique. Le jus ainsi obtenu n'éprouve pas trace de fermentation ; il reste inaltéré tant que l'ampoule est fermée ; mais, si l'on vient à ouvrir celle-ci ou à en mélanger le contenu avec quelques gouttes d'eau ayant servi à laver l'extérieur du grain, la fermentation s'y établit immédiatement. C'est que la surface des grains de raisin est toujours recouverte de germes de levure, alors même que les grappes ont été soumises à l'action de pluies persistantes. Ici donc la fermentation est due manifestement aux germes en suspension dans l'air ou déposés à la surface des grains et du bois de la grappe. M. Pasteur extrait par un procédé analogue du sang des veines d'un animal, et l'introduit dans un ballon au contact de l'air pur. Ce sang reste frais pendant des années. En somme, M. Pasteur affirme et démontre expérimentalement que le jus de raisin, le lait, l'urine, le sang et tous les liquides les plus altérables dans les conditions ordinaires sont incapables de fermenter dans l'air pur, c'est-à-dire débarrassé des corpuscules qu'il contenait.

M. Pasteur a fait encore une autre série d'expériences. Il a provoqué le développement des ferments dans des liqueurs privées de matières albuminoïdes. Avant ses recherches, on croyait que les cellules observées dans la fermentation du jus de raisin proviennent de la métamorphose des matières albuminoïdes contenues dans ce suc naturel. M. Pasteur prépare une solution de sucre, de tartrate d'ammoniaque et de quelques autres sels, et y sème quelques globules de levure. Ces globules bourgeonnent, se développent et se multiplient dans ce milieu artificiel tout aussi bien que dans le jus de raisin. On croyait de même que dans la fermentation acide du lait le ferment est un produit de l'altération du caséum. M. Pasteur démontre l'inanité de cette hypothèse en réalisant la culture du ferment lactique dans un liquide artificiel, ne renfermant pas trace de caséum. Ces expériences, fort délicates, n'ont pas contribué seulement au succès de la panspermie, elles sont encore d'un grand prix pour la physiologie végétale.[1]

On a fait à M. Pasteur, au sujet de ses théories sur l'origine des ferments, un grand nombre d'objections auxquelles il a presque toujours répondu par des faits rigoureux et par des arguments solides, bien que parfois il se soit donné, vis-à-vis de ses adversaires, le tort d'être âpre et dédaigneux dans la dispute. La vérité est assez forte pour être plus indulgente et charitable envers l'erreur. Les principales de ces objections ont roulé, il faut le dire, sur des problèmes qui ne touchent point au fond même du débat entre l'hétérogénie et la panspermie. M. Trécul, l'habile et éminent micrographe, M. Béchamp et d'autres ont démontré par exemple que M. Pasteur se trompe sur les évolutions et les transformations que subissent les microphytes dans les milieux fermentescibles. Certainement M. Pasteur a

---

1 M. Raulin, un des élèves les plus distingués de M. Pasteur, a obtenu de son côté le développement de plusieurs espèces de moisissures dans des milieux artificiels.

commis à ce sujet plus d'une erreur, et il existe probablement entre certains corpuscules à ferment plus de parenté qu'on ne le croit au laboratoire de l'École normale ; mais cela ne change rien au caractère fondamental de la doctrine. — On fait remarquer aussi que des corpuscules, ayant une structure déterminée, peuvent naître de toutes pièces, sans germes, dans certains liquides. Assurément, mais à la condition que ces liquides soient vivants. Sans doute le cambium des végétaux, le blastème des animaux, et en général toutes les liqueurs protoplasmiques, sont des lieux féconds d'éclosion où se développent spontanément les cellules et les fibres des trames vivantes. C'est ainsi que les premiers éléments de l'embryon apparaissent dans l'ovule des animaux. Les travaux de M. Robin, de M. Trécul, de MM. Legros et Onimus, et d'un grand nombre d'autres observateurs, sont d'ailleurs à cet égard péremptoires ; mais la vie appartient à ces protoplasmas ; ils dépendent d'un système organisé. C'est à l'abri de l'air, c'est dans les profondeurs de l'organisme qu'ils travaillent à la création des corpuscules microscopiques. Qu'on les place au contact de l'air pur, dans les ballons de M. Pasteur, et alors ils seront inféconds.

On objecte enfin à M. Pasteur que, si les germes de tous les microphytes et microzoaires sont dans l'atmosphère, on doit les y retrouver et les y reconnaître. Or, en examinant les poussières de l'air au microscope, on ne découvre point, tant s'en faut, tous les rudiments de cette flore et de cette faune infiniment petite dont les fermentations et les putréfactions de la matière organique attestent l'existence. M. Pasteur n'a jusqu'ici opposé à cet argument que le témoignage de ses expériences, lesquelles démontrent qu'au contact de l'air purifié ni les fermentations, ni les putréfactions ne sont possibles. Cela suffit à la rigueur, mais on peut aller plus loin. De ce que beaucoup de germes ne sont pas visibles au microscope, on ne saurait aucunement conclure qu'ils n'existent point. D'abord on en constate avec certitude un certain nombre d'espèces dans les poussières atmosphériques. Il est par conséquent permis de présumer que, si les autres échappent à notre œil armé de verres, grossissants, cela prouve simplement qu'ils sont plus petits que les premiers ; mais peut-être n'est-ce pas ainsi qu'il convient de voir le problème. Nous pensons que les germes visibles sont des exceptions, c'est-à-dire des êtres déjà parvenus à un certain degré de développement, et qu'en réalité tous les vrais germes sont d'une dimension à jamais inaccessible à l'observation microscopique, même si l'on supposait les lentilles beaucoup plus puissantes encore qu'elles ne sont aujourd'hui. Le microscope ne nous permet guère d'apercevoir que des points ayant au moins un dix-millième de millimètre. Les germes primitifs de la vie ne doivent pas même approcher d'un millionième de millimètre.[1] La physique et la métaphysique prouvent qu'il faut renoncer ici à mesurer et à estimer les choses d'après la capacité de nos sens bornés. Il faut faire effort pour suivre avec l'œil de l'esprit les grandeurs constamment décroissantes, ne pas s'arrêter là où l'imagination est épuisée, et reconnaître enfin combien sont reculées les limites du microcosme. Quand cette faculté de nous étendre au-delà des bornes de notre nature, qui est une des plus belles prérogatives de notre entendement, ne nous abandonne point, nous arrivons à nous représenter les monades vitales de Leibniz, les molécules organiques de Buffon, à comprendre l'existence des proto-organismes répandus dans le monde par milliards de milliards, et à concevoir l'infiniment petit dans l'infiniment petit.

Ainsi, de même que l'univers infini où roulent les sphères est rempli de particules invisibles d'une matière subtile à laquelle les physiciens et les astronomes donnent le nom d'*éther* et qui est le seul moyen de comprendre les phénomènes cosmiques, l'univers fini où se déploie l'organisation est rempli de corpuscules également invisibles, formant ce que l'illustre Ehrenberg appelle la *voie lactée* des organismes inférieurs, et non moins nécessaires pour expliquer les opérations dont nous venons de tracer l'ensemble. De même qu'il y a un éther destitué de vie, il y a un éther doué de vie, un *éther vital*. L'un et l'autre sont incontestables ; ils passent la raison, mais la raison ne saurait s'en passer. Ils échappent à la prise immédiate de l'expérience ; cependant l'expérience ne permet pas d'y échapper. Ils sont invisibles, et sans eux il n'y aurait point de choses visibles.

---

1 Plusieurs physiciens éminents attribuent la couleur bleue de l'atmosphère à la réflexion de la lumière par ces germes qu'il est impossible d'apercevoir directement.

L'esprit y adhère d'une adhésion énergique, peut-être parce qu'il se sent avec eux une secrète et mystérieuse affinité, peut-être parce qu'il est au fond de même essence.

Section III

Notre atmosphère est donc le réceptacle de myriades de germes d'êtres microscopiques qui jouent dans le monde organisé un rôle considérable. Agents pénétrants de corruption, sinistres ouvriers de maladie, ils épient sans cesse l'occasion de s'insinuer dans l'économie des plantes et des animaux pour y provoquer des désordres plus ou moins graves. Souvent la vie leur résiste ou leur échappe, mais rien ne saurait leur en disputer les dépouilles. Le cadavre est leur aliment naturel ; la mort est leur laboratoire de prédilection. C'est là que ces êtres infimes accomplissent leur destinée vraiment grandiose dans le drame éternel du renouvellement des existences organiques.

Quand la fine pellicule qui recouvre les fruits sucrés se déchire en un point, la porte est ouverte aux germes atmosphériques. Des cellules à ferment pénètrent à l'intérieur du fruit, et y provoquent la fermentation du sucre, c'est-à-dire la formation d'un peu d'alcool ; celui-ci à son tour est susceptible d'éprouver la fermentation acétique et de donner à la pulpe une saveur acide. Enfin la pulpe elle-même est détruite par diverses moisissures. Lorsqu'un fruit se gâte et acquiert un goût plus ou moins désagréable, cela tient donc à l'intervention de cellules à ferment d'origine atmosphérique, et à la production de matières alcooliques ou acides. Un habile micrographe, M. Engel, qui a étudié récemment avec soin ces phénomènes, a trouvé que les cellules à ferment qui déterminent ainsi la fermentation alcoolique des sucs de fruits présentent quelques légères différences d'un fruit à un autre et n'ont pas non plus les mêmes caractères morphologiques que celles du moût de raisin ou du moût de bière. Il se forme ici des variétés, correspondantes aux milieux divers dans lesquels se fait la nutrition du petit champignon.

Les champignons microscopiques de l'atmosphère jouent un

rôle non moins intéressant dans l'altération des vins. Ceux-ci s'aigrissent, tournent, deviennent filants et huileux, ou encore acquièrent une amertume prononcée. Toutes ces maladies tiennent au développement de divers microphytes reconnus et décrits par M. Pasteur ; toutefois ce savant ne s'est pas borné à déterminer la nature de ces « maladies, il a cherché à les prévenir. S'appuyant sur d'anciennes observations d'Appert, il a eu l'idée de soumettre les vins à l'action d'une température élevée, afin d'y anéantir les germes de ferment. Il n'y avait pas de doute possible touchant la destruction de ces germes et la suppression de toute altération ultérieure, maison pouvait se demander si la délicatesse et le bouquet de certains cépages ne seraient pas compromis par l'effet du chauffage. L'expérience, et une expérience prolongée, a prouvé que le chauffage non-seulement est un excellent moyen de prévenir les maladies des vins, mais encore qu'au lieu d'en compromettre les qualités exquises, il les développe et les fortifie. Les procès-verbaux des dégustations opérées dans le courant de l'année dernière par plusieurs membres de la commission syndicale des vins, à l'instigation de M. Pasteur, renferment à ce sujet des témoignages péremptoires. Des vins fins de Bourgogne, chauffés en bouteille à une température comprise entre 55 et 65 degrés, il y a sept ans, ont paru, au bout de ces sept années, supérieurs aux mêmes vins non chauffés. « Des personnes plus ou moins autorisées, dit M. Pasteur, avaient déclaré que le chauffage enlèverait avec le temps de la couleur au vin. C'est le contraire qui est vrai, quand on opère à l'abri de l'air : la couleur s'avive par le chauffage. Elles avaient dit : le chauffage altérera, avec le temps, le bouquet des grands vins ; cette opération les fera sécher, vieillarder. Tout au contraire, le bouquet paraît s'exalter avec les années et plus sûrement que si on ne les chauffe pas. Pour les chambertin notamment et pour les volnay, ce fait a été très remarqué par les dégustateurs. » — M. Pasteur a été amené par ces études à rechercher les causes du *vieillissement* des vins, et il a reconnu que ce phénomène est dû à une oxydation lente. Du vin conservé dans des tubes de verre bien pleins et scellés hermétiquement ne vieillit pas. En augmentant et en réglant l'aération du vin, et surtout en la combinant avec le chauffage, M. Pasteur est arrivé

Section III

à fabriquer en un mois d'excellent vin *vieux*. Bref, l'oxygène et la chaleur, agissant dans de certaines proportions sur le vin, favorisent, au lieu de l'entraver, le développement des principes volatils auxquels ce liquide doit son parfum et une partie de sa saveur ; mais cette découverte est de surcroît. Ce que M. Pasteur a cherché principalement et ce qu'il a trouvé, en donnant des règles précises et méthodiques pour le chauffage des vins, c'est un procédé, applicable sur une vaste échelle, de prévenir les maladies dont souffrent si souvent les cépages ordinaires, et cette heureuse application est une suite de ses recherches sur la fermentation en général. C'est de même à la suite de ses recherches sur le rôle des organismes microscopiques dans les maladies des vers à soie que M. Pasteur a été conduit à donner un moyen pratique d'entraver le développement de ces organismes, et par suite de prévenir la maladie.

Lorsqu'on injecte dans le tissu cellulaire sous-cutané d'un animal vivant un liquide putréfié ou *septique*, c'est-à-dire renfermant les corpuscules filiformes, connus sous le nom de vibrions et de bactéries, il arrive quelquefois que l'animal n'en éprouve aucun inconvénient. Les chiens surtout résistent fortement à l'influence toxique d'un pareil liquide ; mais chez d'autres espèces, et principalement chez le lapin, il n'en est pas de même. L'économie devient le siège de phénomènes graves, habituellement mortels, et dont l'ensemble constitue l'affection à laquelle on a donné le nom de *septicémie*. Les organismes microscopiques empoisonnent dans ce cas l'animal, non-seulement par le fait même de leur présence dans le sang, mais encore et surtout parce qu'ils s'y développent et s'y multiplient avec une rapidité extraordinaire, de la même façon que la levure de bière se multiplie dans le moût d'orge. Toutefois ce qu'il y a de plus singulier dans ces fermentations pathologiques, c'est le fait signalé pour la première fois par MM. Coze et Feltz il y a quelques années, et dont M. Davaine a repris l'étude l'année dernière. M. Davaine démontre, par des expériences faites sur des lapins et des cochons d'Inde, qu'une goutte de sang d'un animal *septicémié* est capable de communiquer la même affection à un deuxième animal auquel on l'inocule, qu'une goutte prise à celui-ci peut transmettre la maladie à un troisième individu, et ainsi de suite. De plus, — chose étrange, — l'énergie toxique du sang de ces animaux augmente au fur et à mesure qu'on avance dans la série des inoculations. La culture du virus en exalte les propriétés malfaisantes. Cet accroissement graduel de la puissance virulente est tel qu'en empruntant une goutte de sang à un animai qui représente le vingt-cinquième terme d'une série d'inoculations successives, et en diluant cette goutte dans de l'eau de façon qu'une goutte de la dilution corresponde à un trillionième de la goutte primitive, on a un liquide dont la plus petite quantité manifeste encore une activité mortelle. Ces expériences de M. Davaine, dans lesquelles on voit le degré de nocuité s'accroître en raison inverse de la quantité apparente du poison, ont été répétées et confirmées par plusieurs physiologistes éminents, entre autres par M. Bouley ; elles ont produit dans les écoles de physiologie et de médecine une émotion qui dure encore. Indépendamment de la difficulté intrinsèque de concevoir l'influence de ces doses infinitésimales, on y a vu un argument de nature à fortifier les assertions de l'homœopathie. Si cette difficulté est réelle, quoique surmontable, cet argument, disons-le, n'a aucune valeur. Examinons d'abord la difficulté. Cette goutte encore mortelle, et qui ne représente qu'une fraction infiniment petite de la quantité primitive de matière toxique dont elle est parente éloignée, cette goutte ne laisse plus apercevoir aucun corpuscule. Cela est vrai ; mais elle en contient des germes, et des germes dont la dimension, le nombre et la fécondité sont tels que rien ne les empêche de repulluler indéfiniment, en dépit de tous les efforts tentés pour les faire disparaître. Les discussions qui viennent d'avoir lieu à l'Académie de médecine sur ce grave sujet, presque en même temps qu'on débattait dans l'Académie des Sciences la question des ferments, ne laissent aucun doute sur la réalité de cette repullulation des germes virulents par la culture. Est-ce maintenant un argument pour les homœopathes ? Pas le moins du monde. Les homœopathes attribuent des effets curatifs à des doses extrêmement petites de certaines substances inorganiques dont l'inertie est évidente, et qui ne peuvent en aucune façon se reproduire. Si les éléments de la virulence déterminent des perturbations si profondes dans les organismes animaux, ce n'est pas à cause de leur extrême petitesse, c'est parce qu'ils se multiplient avec une rapidité prodigieuse au sein même des tissus et des humeurs, où ils travaillent dans un dessein contraire à l'harmonie du corps.

Quoi qu'il en soit, les vibrions et les bactéries jouent un rôle incontestable dans la production des maladies de l'homme. On les trouve dans le sang des individus atteints de maladies infectieuses, et s'ils n'ont, avec beaucoup de celles-ci, que des rapports de concomitance, ils ont avec d'autres des rapports de causalité nettement établis. Ainsi les recherches de M. Davaine démontrent que les maladies dites *charbonneuses*, si redoutables chez l'homme et chez les animaux, sont dues au développement abondant d'une espèce de bactéries dans le sang. La fièvre typhoïde paraît reconnaître aussi une cause du même genre. Les lapins succombent à l'inoculation du sang provenant d'hommes atteints de cette maladie. Nos connaissances sur ce difficile sujet sont, il faut le confesser, encore peu avancées, malgré l'ardeur avec laquelle on travaille à les étendre depuis quelques années. Les illusions du microscope et les exagérations de l'esprit de système compromettent trop souvent la valeur des travaux entrepris dans cette direction. Sans aller jusqu'à l'opinion de ceux qui attribuent toutes les maladies à des corpuscules microscopiques et considèrent tous les phénomènes morbides comme des fermentations, il faut admettre en tout cas que ces corpuscules, disséminés dans l'air, ont une grande place parmi les ennemis éternels de la santé. De tout temps, les chirurgiens et les médecins ont reconnu le danger de la pénétration de l'air ordinaire à l'intérieur de l'organisme, par la voie des plaies ou autrement. On sait aujourd'hui expliquer le péril, Ce ne sont pas les gaz de l'air qui sont dangereux. C'est aux proto-organismes que ce fluide recèle qu'il faut attribuer l'influence funeste qu'il exerce dans les traumatismes. L'infection putride n'a pas d'autre origine. Aussi la préoccupation des praticiens est-elle maintenant de soustraire les plaies à l'accès des germes de l'air, soit au moyen de vernis imperméables, soit au moyen de pansements antiseptiques (alcoolisés, phéniqués), soit par l'occlusion pneumatique, soit enfin par la filtration de l'air même à travers le coton. Sous l'influence des idées définitivement introduites dans la science par les travaux que nous venons de résumer, plusieurs pratiques chirurgicales subissent des modifications profondes.

Après avoir examiné les altérations produites sur les vivants, il faut considérer celles que les ferments déterminent chez les morts. Quand la vie s'est peu à peu retirée de toutes les parties d'un être organisé, quand, toutes les morts partielles ayant eu lieu, la mort totale a envahi les profondeurs de l'être et brisé tous les ressorts de son activité, l'œuvre de la putréfaction commence. Il s'agit de défaire ce cadavre, d'en détruire les formes et d'en dissocier les matériaux. Il s'agit de le désorganiser, de le réduire en solides, en liquides et en gaz, capables de rentrer dans l'immense réservoir d'où émane sans cesse une vie nouvelle. Telle est la besogne que la chaleur, l'humidité, l'air et les germes vont entreprendre de concert. Tout cela se fait avec la plus grande diligence. La nature ne temporise pas : sitôt que le corps est glacé, le vernis protecteur qui en recouvre toute la surface, c'est-à-dire l'épithélium, se corrompt par endroits, surtout dans les régions humides. Les ouvriers de désorganisation, vibrions et bactéries, ou plutôt les germes de ces corpuscules filiformes, pénètrent dans la peau, s'insinuent dans les petits vaisseaux, envahissent tout le sang et peu à peu tous les organes. Bientôt ils grouillent partout, presque aussi nombreux que les molécules chimiques au milieu desquelles ils s'agitent en tour billonnant. Les matières albuminoïdes sont décomposées en gaz fétides qui se répandent dans l'atmosphère. Les sels fixes, alcalins et alcalino-terreux, se séparent lentement des substances organiques, avec lesquelles ils concouraient à former les tissus. Les graisses s'oxydent, rancissent ; l'humidité se dégage. Tout ce qui est volatil s'évanouit et au bout d'un certain temps il ne reste plus, outre le squelette, qu'un mélange informe de principes minéraux, une sorte d'humus, prêt à engraisser la terre. Or toutes ces opérations compliquées ont exigé absolument l'intervention des infusoires de la putréfaction. Dans l'air pur et privé de germes vivants, elles n'auraient point eu lieu. Pour supprimer les fermentations putrides, pour assurer le maintien des matières végétales ou animales dans un état de complète intégrité, il n'y a qu'un moyen, mais un moyen infaillible, c'est de les soustraire rigoureusement à l'accès des germes aériens de vibrions et de bactéries. Soit que, pratiquant la méthode d'Appert, on soumette préalablement ces matières à l'action d'une haute température pour les conserver ensuite dans des vases hermétiquement fermés, soit que, comme l'a fait voir tout récemment encore M. Boussingault, on les introduise dans un milieu très froid, soit qu'on les imprègne de sels doués de vertus antiseptiques, dans tous les cas on les préserve d'altération en paralysant l'effet des organismes inférieurs. La putréfaction des animaux n'est pas plus possible que la fermentation du jus de raisin, du moût d'orge, du lait, etc., quand les germes sont mis dans l'impossibilité d'agir. C'est encore là un fait démontré par M. Pasteur.

Nous venons de prononcer le mot de substances antiseptiques, c'est-à-dire capables de détruire les germes, d'entraver l'action des ferments. On conçoit l'intérêt qui s'attache à de semblables produits. De fait, ils sont aujourd'hui le principal objectif des investigations thérapeutiques. En même temps que les physiologistes et les chimistes s'occupent, avec un zèle persévérant, d'étudier la fonction des corpuscules microscopiques dans la nature vivante, les médecins, qui en aperçoivent la multiple et funeste activité pathogénique, recherchent le moyen de les atteindre et de les détruire. Tout le monde connaît les principes, comme l'acide phénique, qu'on extrait du goudron et qui se trouvent aussi dans la fumée, à laquelle ils communiquent des propriétés antiseptiques utilisées de temps immémorial. On a découvert dernièrement d'autres substances non moins remarquables par l'énergie antifermentescible et antivirulente. De ce nombre sont les sulfites et hyposulfites alcalins, qui ont fait l'objet de recherches très intéressantes de la part d'un médecin italien, M. Polli, les borates et silicates de potasse et de soude, sur lesquels M. Dumas appelait, l'année dernière, l'attention des physiologistes, l'acétate de potasse, etc. Jusqu'ici, on n'étudiait l'énergie physiologique des principes actifs que sur les animaux d'un rang supérieur ; M. Dumas a fait voir tout l'intérêt qu'il y aurait à examiner l'influence qu'ils exercent sur les organismes inférieurs chargés d'élaborer les ferments et sur les ferments eux-mêmes. De telles recherches non-seulement contribuent à mieux faire connaître le mécanisme même suivant lequel ces principes modifient le système des phénomènes vitaux, mais encore procurent les indications les plus utiles pour la thérapeutique. En effet, à partir du moment où M. Dumas et d'autres chimistes ont fait connaître le résultat de leurs investigations à ce sujet, moment qui a coïncidé d'ailleurs avec les expériences de M. Davaine sur la septicémie, un vaste ensemble d'essais a été institué, dans les hôpitaux et dans les laboratoires, pour reconnaître dans quelles me, sures ces substances antifermentescibles entravent les fermentations morbides. Ces essais sont en voie d'exécution, Nous n'y pouvons pas insister ; mais on est autorisé à dire dès maintenant qu'ils ne seront pas stériles pour l'art de guérir. Ici, comme dans tous les autres départements de l'activité scientifique, on voit les études abstraites aboutir à des découvertes utiles.

En définitive, tout cet immense ouvrage des fermentations, des putréfactions et des corruptions de la matière organique est accompli dans le monde par un petit nombre d'espèces de cellules et de filaments microscopiques, par des champignons et des algues de l'ordre le plus infime, dont les germes remplissent notre atmosphère. C'est là une des plus solides acquisitions de la science moderne, une des plus importantes au point de vue ; de la philosophie de la nature, une des plus fécondes pour les arts qui se préoccupent d'améliorer la condition humaine. On peut la regarder aujourd'hui comme définitivement établie ; n'oublions pas que cet établissement a coûté deux siècles de recherches et d'efforts. Leuwenhoek, le premier, au milieu du XVIIe siècle, révéla le monde microscopique des airs et en pressentit le rôle considérable. Que de pénibles labeurs, que de luttes, que de longues épreuves, depuis les observations du micrographe hollandais, jusqu'aux expérimentations de notre compatriote et contemporain M. Pasteur !

ISBN : 978-1977997395

www.ingramcontent.com/pod-product-compliance
Lightning Source LLC
Chambersburg PA
CBHW071222240526
45470CB00018B/2285